大頭兒

大頭兒

肚子餓了

巴逗腰

LINE 貼圖人氣插畫家大頭兒教你，
從醬料到鍋具都作弊的「偷吃步」美味食譜書

圖文創作：**大頭兒**　　料理設計執行：**大Ａ先生**

野人

Author's Preface

一起動動手料理，讓自己和家人吃得開心又健康

　　一開始只是為了收集自己的作品而建立了臉書粉絲專頁，不定時把自己的日常生活透過繪畫分享給朋友，從此打開了創作之路，也因為上架了 LINE 貼圖，而創造了大頭兒這個角色，至今已經超過了 10 年。

　　一場疫情，改變了許多人的生活模式，也包括我們家。本來大部分時間只是用來煮開水的廚房，突然之間變成了一間真正用來煮三餐的廚房，也意外發現大 A 先生原來很有料理天分，煮的菜都特別美味，連我們自己也覺得不可思議。畫圖的靈感就是來自這樣的改變，原本只是想記錄大 A 先生煮的家常便飯，默默就變成了一張張的手繪食譜，網友們說看了這些圖就口水直流，甚至還有人真的照著做直說好吃，比自己料理還有成就感。

　　每一道都是我們平日家裡煮的料理，而且是常常煮好吃的那種，使用取得容易的食材和家中現有的調味料，烹煮方式快速輕鬆；手繪的步驟除了簡單易懂，每一篇都有大頭兒的各種亂入可愛療癒，希望讓您也願意動手做做看，讓自己和家人吃得開心又健康。

　　謝謝野人文化，願意給不是專業廚師的我們畫食譜書，讓我們自由的創作並且提供專業的協助和建議。看著自己的創作集結成一本書，好像做了一場夢一樣。

　　最後最後，仍是要謝謝長期不離不棄支持的粉絲及讀者，有你們才有現在的大頭兒。

大頭兒

大頭兒
2024

只要家人愛吃，就一直煮下去吧！

　　小朋友逐漸長大後，在外用餐的機會也愈來愈多了，但層出不窮的食安問題，實在讓人心驚膽顫，就連吃學校的營養午餐，也偶爾會出現小昆蟲、異物，甚至發生集體上吐下瀉的狀況，常常在想，這樣的飲食習慣對發育中的青少年身體好嗎？剛好前幾年的疫情必須減少外食，乾脆自己簡單煮，雖然不一定美味，至少安心。

　　以前只會煎荷包蛋的我，還好有一個很會煮飯的媽媽，只要打一通電話回去，通常就可以得到最簡潔有力的指導，就這樣慢慢的累積了愈來愈多家常菜的口袋名單。

　　懶惰的我，沒辦法接受要洗一大堆的鍋碗瓢盆，每次都盡可能用最少的器具、最短的時間，所以很多菜單都是用一鍋到底的方式來完成。

　　自己在家煮，我們沒有使用高級的食材，大部份都是在菜市場或是超市就能買到；我們可以選擇釀造的醬油和醋，而不是使用化學速成產品；食用油、調味料可以買自己信任的品牌；蔬菜也可以洗得比外面乾淨而不用擔心農藥殘留問題，自己煮，雖然比較累，但是看到家人把每一道菜吃光光，還是蠻有成就感的，只要家人愛吃，就一直煮下去吧。

　　煮著煮著，加上大頭兒畫著畫著，就煮出了一本書。與其說這是一本食譜，不如說是我們家日常料理的分享，透過大頭兒手繪的步驟，讓大家也能用容易取得的食材，簡單做出健康又安心的一餐。

大 A 先生

Contents

part 1 有點厲害的主菜

part 2 白飯小偷

懶人救星！

part 3 偷吃步料理

part 4 好湯上桌

part 5 涼拌小菜

part 6 下酒美食

末成年請勿飲酒

part 7 螞蟻人的愛

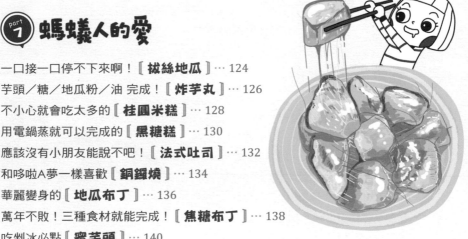

part 8 減重好朋友

香菜 ♥
明明就
超好吃…

如何使用本書

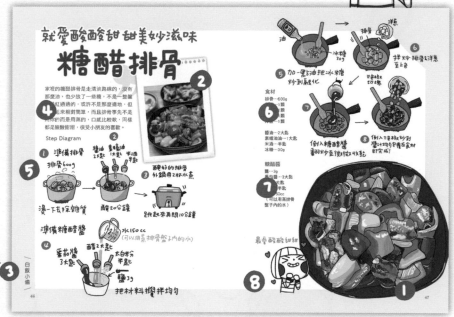

❶ 手繪的成品圖

每道料理都精心繪製了成品圖，有些是在深夜時畫的，一邊畫一邊覺得好餓（笑）。

❷ 成品照片

因為是實拍自己的家常料理，周邊有時會出現其他菜色。

❸ 料理分類

本書有 8 大分類，方便查找食譜。

❹ 小心得

記錄這道菜為何會出現在家中餐桌上的來龍去脈以及一些小感想。

❺ 步驟圖

詳細的手繪步驟解説，包含烹飪時需注意的小細節，清楚可愛又療癒。

❻ 食材一覽表

標示此料理所需的所有食材。

❼ 調味料

- 1 大匙 =1 湯匙 =15ml
- 1 小匙 =1 茶匙 =5ml
- 鹽 1 匙 =1g
- 油量皆未標示，可依照自己的習慣增減

❽ 大頭兒

每一篇都有大頭兒喔，你找到了嗎？

part
1

有點厲害的主菜

這道很少人會拒絕

大黃瓜鑲肉

換成苦瓜也很好吃!

食材

大黃瓜…1根
洋蔥…1/4顆
絞肉…150g
醬油…2大匙
太白粉…1.5大匙
糖…1/3大匙
白胡椒…少許

傳統市場賣的苦瓜鑲肉,圓圓胖胖,感覺好吃又健康,但考量小朋友不敢吃苦瓜,所以一直都沒有買過。發現大黃瓜也可以做出相同形狀的菜色,二話不說立刻自己動手做,果然全家人都愛。

Step Diagram

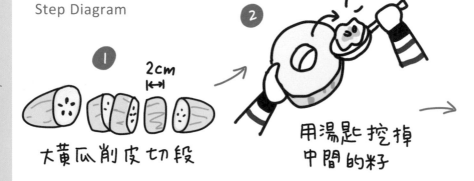

1
2cm
大黃瓜削皮切段

2
用湯匙挖掉
中間的籽

④ 把肉餡塞到中間

⑤ 外鍋 2 杯水蒸 跳起來就完成!

③ 製作肉餡

醬油 2大匙

白胡椒 少許

糖 1/3大匙

太白粉 1.5大匙

洋蔥 1/4顆

切丁

所有材料 拌均即可

絞肉 150g

魚肉控快看過來！
紅燒鮭魚頭

Step Diagram

①

油

剖半鮭魚頭
2面先煎一下
（加一點油）

食材
醬油…2大匙
香菇素蠔油…1大匙
味醂…1/2大匙
米酒…1/2大匙

醬油2匙

香菇素蠔油
1匙

味醂
半匙

米酒半匙

水

水蓋過
魚頭的一半

②　薑絲

有點厲害的主菜

聽起來好像是很困難的菜，但其實也是只要先把魚頭稍微煎一下，用同一個鍋子把醬料和水加進去，燜煮個 10 來分鐘就可以完成的簡單料理。而且鮭魚頭可以吃到好幾種口感：膠質豐富的魚皮、肥厚的下巴、還有滑嫩順口魚頰肉，喜歡吃魚的朋友一定要試試看。

3 蓋上鍋蓋
小火燜煮10分鐘

4 起鍋前加入蔥段，完成！

最愛蔥了！

漢堡排

自製夜簡易豬肉

Step Diagram

① 洋蔥切小丁(1顆)
炒到透明
中放涼中

麵包粉

鹽
胡椒

② 絞肉1斤

啪! 啪!

③ 把材料抓
勻後,來回
拍打,把
空氣擠出。

捏成圓餅狀(約手掌大小)
吃不完的就冷凍起來。

一直都喜歡吃漢堡排，不過外面餐廳的漢堡排幾乎都會混牛肉，因為我跟家人都不吃牛肉，每次都只能看別人吃。

大 A 先生看我可憐，於是偶爾就會自製純豬肉漢堡排讓我解饞。每次料理漢堡排時我就會逼他多做一點，然後把多的冷凍起來，過幾天又可以再吃一次 ^^

燙花椰菜
來配ㄉ完美！

食材
豬絞肉⋯600g
洋蔥⋯1顆
麵包粉⋯40g
鹽⋯2匙
胡椒粉⋯少許

醬汁
醬油⋯2大匙
番茄醬⋯1大匙
味醂⋯半匙
糖⋯半匙

⑤ 鍋內的肉汁做醬汁。

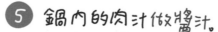

加入醬油、糖
味醂 加熱即可。

④

中小火 煎 筷子插下去
沒有血水 就 可以了。取出。
（約莫要十幾分鐘）

和誰都能成為好朋友的番茄
清蒸番茄肉盅

番茄糖分低，酸甜可口，豐富的纖維質讓人容易產生飽足感，是控制體重時的好食材。以前只會煮湯和番茄炒蛋，其實做成番茄肉盅也是不需要烹調技巧的料理，顏色又討喜，口感清爽解膩，最重要的是不用吃到難吃的皮。

Step Diagram

①

牛番茄切上蓋
挖出果肉

酸酸甜甜超開胃

②

蓋子↓

香菇切碎

蒜末

醬油 糖 果汁 白胡椒

絞肉

保留2大匙果汁等一下加到絞肉裡

所有食材攪拌均勻

食材
牛番茄…4顆

絞肉…200g
香菇…1朵
蒜頭…2顆
醬油…1.5大匙
糖…1/2 大匙
白胡椒粉…少許

3

外鍋1.5杯水

把絞肉塞到
番茄肉，蓋上蓋子

4 按下去直接蒸
跳起來即完成!
(蒸完番茄外皮會自動脫落)

多做一些凍起來，
高麗菜卷

想吃就有！

Step Diagram

準備高麗菜葉子

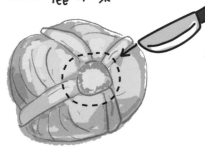

1 戳進去！
把菜心和菜梗切斷
比較好剝下一整片葉子

2 剝 7~8 片
盡量不要破掉

3 煮5分鐘，煮軟

4 用冰水冰鎮

有點厲害的主菜

日式關東煮必選的高麗菜卷，如果吃到沒有入味的，就會很生氣，趁著高麗菜便宜的時候，自己滷一鍋，捲大顆一點，料多實在，二顆就可以飽一餐。

準備絞肉

5 把材料都加到絞肉
用手一邊拌勻一邊摔打肉餡

香菇3朵切丁　　洋蔥半顆切丁

醬油2大匙

糖1小匙

鹽1匙

絞肉半斤

❻ 包起來

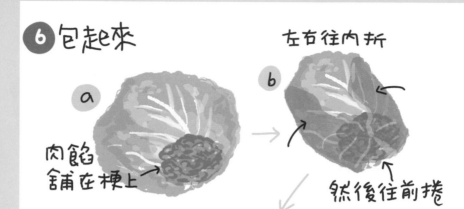

左右往內折

ⓐ

ⓑ

肉餡
鋪在梗上

然後往前捲

ⓒ 最後用牙籤固定

❼ 調醬汁

蠔油1大匙

醬油
1大匙

甜辣醬
1大匙

味醂
1大匙

8 倒入醬汁
加水
煮15分鐘

水 < 300ml

↑
蓋鍋蓋

食材

高麗菜葉…7～8片
絞肉…半斤
香菇…3朵
洋蔥…半顆
醬油…2大匙
糖…1小匙
鹽…1匙

醬汁

醬油…1大匙
味醂…1大匙
蠔油…1大匙
甜辣醬…1大匙
水…300ml

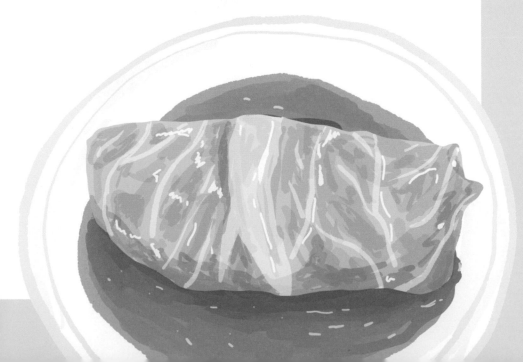

想吃多少就炸多少
家常炸豬排

每次去外面吃炸豬排，必點腰內肉，因為特別軟嫩。其實在家裡也可以做。食材也很簡單，只要事先將豬排醃好就不用再特別調醬汁。在家也可以大口吃厚實多汁的炸豬排。

手牽手一起闖關～

食材
豬腰內肉…4片（約400g）

醃料
醬油…3大匙
米酒…1/2大匙
白胡椒…少許
蒜頭…2～3顆
蔥…2根

Step Diagram

① 醃豬者排

醬油
3大匙

米酒
半匙

白胡椒
少許

蒜頭2-3顆
(拍一下)

蔥2根
切段

豬者排
4片

按摩後放冰箱 2小時

② 將豬者排依序沾上麵粉·蛋液·麵包粉

麵粉   蛋液   麵包粉

豬者排君
闖3關

薄薄沾上
一層麵粉

裹上蛋液

稍微按壓
讓粉覆蓋

③ 油溫160°-180℃炸

炸6-7分鐘(中間翻面)
直到兩面金黃色即可

小朋友不用催，吃光光！
媽媽的滷肉

我們家的滷肉沒有用中藥滷包，其實只需要一些簡單的食材就能滷出好味道，而且步驟很簡單，只是需要慢火燉煮，用時間讓豬肉入味。每次在滷肉的時候，滿室生香，本來不怎麼餓的肚子，都突然餓了起來。

Step Diagram

① 排骨400g & 花五肉400g 切塊
熱水燙過後洗淨

② 醬油：水＝1：6

水
醬油
白胡椒
少許
水煮蛋
8顆
冰糖
30g

蔥2根
切段
薑2片
蒜頭5顆
八角3~4顆
月桂葉3-4片

食材
五花肉切塊…400g
排骨切塊…400g

水煮蛋…8顆
冰糖…30g
醬油：水＝1：6
蒜頭…5顆
薑…2小片
蔥…2根（切段）
白胡椒粉…少許
八角…3～4顆
月桂葉…3～4片

燙好的肉

把所有材料
放入鍋中
（水要淹過食材）

③ 蓋上鍋蓋。
大火煮滾後轉中小火
燉煮80分鐘即可。

破布子蒸鱈魚

鹵鹹香入味，滋味再升級

想吃魚又懶得煎魚時，可以試試這道非常便利的蒸魚料理。破布子鹹香甘甜跟魚肉一起蒸出來的醬汁開胃又下飯；阿嬤通常會買鱈魚來蒸，比較好挑出刺，非常適合給家裡的小朋友吃。

Step Diagram

1 在魚片上均勻抹上少許鹽

鹽

鱈魚 280g

食材

鱈魚…280g
薑絲…少許
蔥絲…2根

醬油…1茶匙
米酒…1茶匙
破布子（含湯汁）…30g

2 調味

米酒1茶匙

醬油1茶匙

破布子30ml 醬汁也要加

薑絲

3 蒸煮

外鍋放1杯水

有點厲害的主菜

想吃魚又不想煎魚的
好選擇♡

4

跳起來後加入蔥絲
再燜5分鐘即可。

雙筍出擊，營養美味無敵
蘆筍炒肉片

最喜歡吃蘆筍尖尖的地方，口感特別細嫩，料理前記得把尾端較老的部位切掉以免影響口感；另外再準備兩樣蔬菜，加上高蛋白質的豬肉片一起炒，就能快速準備好一道營養美味的料理了。

Step Diagram

① 把蘆筍洗淨切段　老老的地方切掉不要

筍尖好好吃

② 爆香

油　大蒜

③ 先炒比較慢熟的

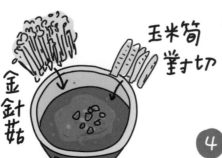

金針菇　玉米筍對切

菇類出水後放肉片

④

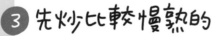

5

肉片半熟就可以調味

醬油 15ml　蠔油 10ml　米酒 10ml

食材
蘆筍…1把
金針菇…半包
玉米筍…3～4根
豬肉片…200g

醬油…15ml
蠔油…10ml
米酒…10ml

6

最後再放蘆筍
炒 3 分鐘

完成！

1 煮糖醋雞丁中

2 重要的番茄醬消失了

3 還LINE問大A先生他收去哪

4 結果小孩一秒找到!

找不到番茄醬

爐子上有東西正在煮的時候,
腦袋好像就會停止運轉。
明明擺在眼前的東西,
怎麼樣也看不到、找不到!

材料準備好了
總算可以煮了!

麻油 米酒
薑片 雞肉

結果
麻油早就用完了!

萬事俱備,只欠麻油

要煮麻油雞的時候,
所有材料都準備好了,
結果忘記檢查最重要的麻油還有沒有 XD

小劇場

不小心就配太多飯的 瓜仔肉

Step Diagram

① 把蔭瓜丁全部撈出來切成小丁
（脆瓜也OK！）

② 蔭瓜丁和豬肉（300g）拌一拌

食材
豬絞…300g
蔭瓜…1罐

③ 全部蔭瓜醬汁
醬油少許
水
加起來的汁要淹過肉
（鍋子不要太大）

只要娘家爸爸煮這道菜，我就會想「完蛋，今天澱粉又要爆表了！」絞肉搭配醬瓜，材料雖然簡單，但鹹香甘甜，淋在飯上有夠好吃。還可以多煮一點冰起來，下一餐再蒸一下馬上又多一道料理。完全就是懶人救星。

買豬絞肉時會請老闆加一點點肥肉，口感比較滑順；用蔭瓜、脆瓜都行，也能加料（比如洋蔥），可以自己調配，找到專屬於自己「家」的味道。

極下飯

完成！

4 切幾塊蒜頭鋪在肉上

5 用電鍋蒸（3杯水）

乾煸四季豆

需要特別多耐心的
一道菜,要乾炒15-20分鐘

小孩從小就很喜歡吃乾煸四季豆，外食也常會點這道菜。餐廳通常是用油炸的，但在家裡自己煮不想用那麼多油，就改用鍋子乾炒，只是要很有耐心需要炒個 15 ～ 20 分鐘，四季豆才會乾乾焦焦的，是需要有很多愛才能完成的一道料理。完成後鹹香爽脆超級下飯，而且跟外面賣的很像，很有成就感。

Step Diagram

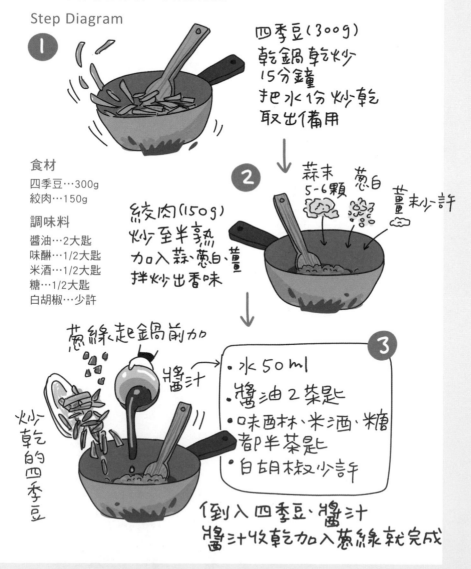

食材
四季豆…300g
絞肉…150g

調味料
醬油…2大匙
味醂…1/2大匙
米酒…1/2大匙
糖…1/2大匙
白胡椒…少許

1 四季豆(300g)
乾鍋乾炒
15分鐘
把水份炒乾
取出備用

2 絞肉(150g)
炒至半熟
加入蒜、蔥白、薑
拌炒出香味

蒜末 5-6顆　蔥白　薑末少許

3
蔥綠起鍋前加
醬汁
・水 50ml
・醬油 2茶匙
・味醂、米酒、糖 都半茶匙
・白胡椒少許

炒乾的四季豆

倒入四季豆、醬汁
醬汁收乾加入蔥綠就完成

一不小心就會爆擊口腔

豆豉鮮蚵

食材
蚵仔⋯300g
豆豉⋯15g

小心剛起鍋的蚵仔
在嘴裡爆開會
燙傷!!

爸爸偏好重口味路線，因此豆豉是家裡常備的調味品，而豆豉鮮蚵就經常出現在家裡的餐桌上，飽滿的蚵仔配上豆豉的香氣，只要一盤就能配上一大碗白飯。

爸爸版的豆豉鮮蚵沒有複雜的烹煮流程，基本上只要把蚵仔煮熟再加上豆豉就行了。剛煮好還在鍋裡時，忍不住撈了一顆肥美的蚵仔偷吃一口，結果蚵仔在嘴裡爆開！燙到哭！偷吃時請務必小心。

Step Diagram

1 切蔥花

2 把鮮蚵的水瀝乾

3 加一點油炒鮮蚵

油

4 炒一下就可以加豆豉

鮮蚵炒一下子就會生水

5 喇一喇有豆豉香味撒蔥花就完成了！

在家也能自己煮 麻婆豆腐

超級香～～

最後勾欠+蔥綠 就完成！
可省略，但就是要稠稠的才好吃

以前非常不愛吃豆類相關製品，豆皮、油豆腐、豆腐、豆漿……什麼的幾乎都不吃，而像是，花生、紅豆、綠豆、大豆、黑豆……所有豆更是不碰。

但這一、兩年突然覺得麻婆豆腐很好吃，因為覺得這是廚師才能煮出來的菜，去餐廳都會點來吃，順便配一大碗飯。

沒想到，它意想不到的簡單欸，第一次煮就成功了。步驟看起來有點多，但其實就陸續丟進鍋裡煮就可以了，而且材料很容易買到，超有成就感的。

Step Diagram

麻油　花椒粒
炒3分鐘後
把花椒粒取出。

150公克
絞肉、炒熟

薑末蒜泥蔥白
炒香

豆瓣醬
1.5大匙

糖0.5大匙　醬油1.5大匙
水200ml

切丁的
嫩豆腐
煮3-4分鐘

按照順序丟進去煮
就可以了。

食材
絞肉…約150g
嫩豆腐…1盒
豆瓣醬…1.5匙
醬油…1.5大匙
糖…0.5大匙
水…200ml

蔥…1根
蒜…2～3片

勾芡的芡水
太白粉：水＝1:3

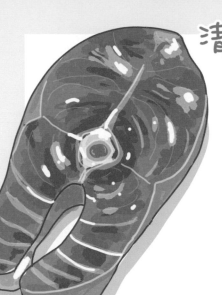

鮭魚炒飯

Step Diagram

① 吸乾鮭魚表面的水
一面煎6~7分鐘
〈只要翻一次面〉

蓋鍋蓋

② 煎好後
夾出來挑刺
順便弄碎

刺→

白飯小偷

42

③

白胡椒

蛋液

鹽

冷飯

青菜

用煎魚的油炒

蛋→飯→魚&青菜丟進去
喇一喇熟了再調味

完成！

現在家裡隨時都會凍幾片
鮭魚，不知道要煮什麼時
就把冰箱裡可以煮的一起
丟進去和飯炒一炒，就是
一道看起來很營養的鮭魚
炒飯了，誰也看不出來是
在清冰箱哈哈。

食材
鮭魚…1片（約400g）
米…2杯
蛋…3顆
青椒…1顆
（或是其他青菜都可以）
鹽…2匙

軟嫩多汁又飽嘴
蒲燒圓櫛瓜

食材
圓櫛…3顆

醬汁
清酒…80ml
味醂…80ml
醬油…80ml
糖…50g

圓滾滾
好可愛!

超市看到形狀特別的櫛瓜,不同於傳統常見的,這種櫛瓜長得像米茄一樣圓圓胖胖,實在太可愛了,直接拿來煎或是烤,好像有點太浪費了這麼特別的外型,決定來個蒲燒做法,厚厚的一片鋪在白飯上,軟嫩多汁的口感非常美味又下飯。

白飯小偷

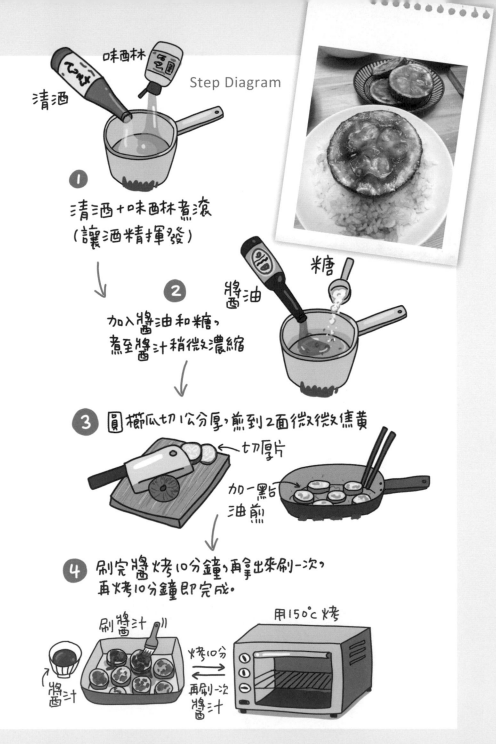

Step Diagram

味醂

清酒

① 清酒＋味醂煮滾
（讓酒精揮發）

② 醬油　糖
加入醬油和糖，
煮至醬汁稍微濃縮

③ 圓櫛瓜切1公分厚，煎到2面微微焦黃
　　　　　　　　→切厚片
　　　　　加一點
　　　　　油煎

④ 刷完醬烤10分鐘，再拿出來刷一次，
　再烤10分鐘即完成。

刷醬汁
醬汁
用150℃烤
烤10分
再刷一次
醬汁

白飯和雞肉一起蒸好
蔥油雞飯

超簡易版本的蔥油雞飯，就是把醃好的雞肉放在白米上一起蒸，蒸好的白飯裡會有淡淡的雞汁香氣，光白飯就很好吃，不過最畫龍點睛的還是蔥醬，蔥醬真的是我的最愛，不論是配雞肉、配白飯或是拌麵都相當美味。

Step Diagram

醃肉

薑片10g

蔥段10g

米酒少許

鹽1匙（1g）

去骨雞腿肉2片

按摩一下醃1小時

蒸飯&肉

把醃好的肉蔥薑依序舖在洗好的米上
1杯米＋1杯水
跳起來再燜15分鐘即可

肉

蔥&薑

米

肉&飯完成!!

食材
去骨雞腿肉…2片
薑片…3〜4片
蔥…1根
米酒…少許
鹽…1匙
米…1杯

蔥醬
蔥花…2〜3根
薑末…20g
白胡椒…少許
鹽…2匙
植物油…30ml
香油…20ml

白飯小偷

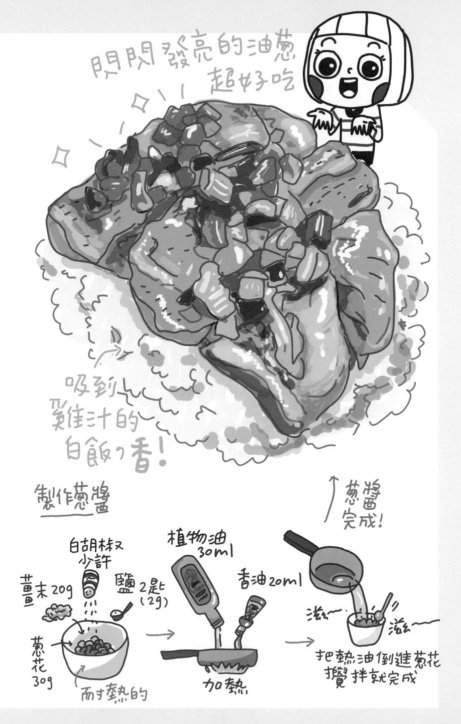

閃閃發亮的油蔥
超好吃

吸到
雞汁的
白飯、香!

製作蔥醬

蔥醬完成!

白胡椒
少許

薑末20g

鹽 2匙
(2g)

蔥花
30g

耐熱的

植物油
30ml

香油20ml

加熱

滋~ 滋~

把熱油倒進蔥花
攪拌就完成

就愛酸酸甜甜美妙滋味
糖醋排骨

家裡的糖醋排骨是走清淡路線的，沒有那麼油，也少放了一些糖，不是一整盤都是紅通通的，或許不是那麼道地，但是做起來相對簡單，而且排骨事先不是用炸的而是用蒸的，口感比較軟，同樣都是酸酸甜甜，很受小朋友的喜歡。

Step Diagram

1 準備排骨

排骨600g

燙一下去除雜質

2 醬油2大匙　素蠔油1大匙　米酒半匙

醃20分鐘

3 醃好的排骨外鍋用2杯水蒸

跳起來再燜10分鐘

準備糖醋醬

水150ml
（可以用蒸排骨盤子內的水）

4 番茄醬3大匙　醋2大匙　太白粉半匙　鹽3g

把材料攪拌均勻

油

冰糖
30g

5 加一點油把冰糖
炒到融化

排骨

洋蔥

6 拌炒排骨&洋蔥
至上色

三色椒
切塊

食材
排骨…600g
紅椒…1顆
黃椒…1顆
青椒…1顆
洋蔥…1顆

醬油…2大匙
素蠔油…1大匙
米酒…半匙
冰糖…30g

7 倒入糖醋醬
翻炒至微微收乾

8 倒入三色椒炒到
醬汁均勻包覆在食材
即完成!

糖醋醬
鹽…3g
番茄醬…3大匙
醋…2大匙
太白粉半匙
水…150ml
（可以用蒸排骨
盤子內的水）

最愛酸酸甜甜

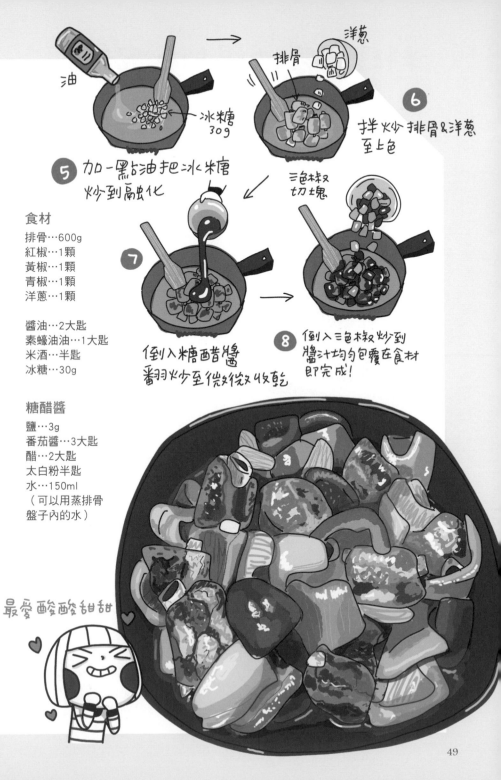

料理靈感枯竭的祕密武器

日式咖哩

每次想不到要煮什麼，十次有八次會煮咖哩。我們家會特別選用「甘口咖哩塊」，吃起來有微微甘甜味，調味清淡，還會特別加入蘋果，很適合小朋友吃。感謝咖哩塊讓我的廚藝看起來好像很好。
是說你的咖哩是單吃還是混吃呢？哈哈！

Step Diagram

洋蔥
紅蘿蔔
蘋果
二層肉
馬鈴薯

把材料切成一口大小

加水淹過食材煮
煮到紅蘿蔔變軟

白飯小偷

50

淋在飯上，完成！

每次都
煮半盒

食材
豬肉塊…500g
洋蔥…1顆
紅蘿蔔…1根
馬鈴薯…1顆
蘋果…1顆
咖哩塊…半盒

2

熄火加入咖哩塊
一直攪拌至融化

飄著過年的香味兒
臘味飯

半熟蛋最好吃了!

食材

米…1杯	**醬汁**
肝腸…半根	醬油…2茶匙
臘腸…半根	素蠔油…1茶匙
蒜…1根	香油…半茶匙
蛋…1顆	水…3茶匙

過年常常收到親友送的肝腸和臘腸,除了直接炒來吃,還可以拿來做臘味飯,而且只要用萬能的電鍋就可以輕鬆完成;最後,再煎一顆半熟荷包蛋,要吃的時候把蛋戳破,吸收醬汁和油香的米飯再配上蛋液,你一定會愛上!

① 肝腸臘腸各半條切片

肝腸半條   臘腸半條

電鍋外鍋放1.5杯水蒸

② 米1杯，
把腸鋪上面

③

④ 調醬汁

醬油
2茶匙   素蠔油
1茶匙   香油
半茶匙

水
3茶匙

⑤ 跳起來後
倒入醬汁和蒜苗
蓋上鍋蓋
再燜5分鐘

醬汁

斜切
蒜苗

⑥ 煎一顆蛋放上去即完成

半熟荷包蛋

part
3

偷吃步料理

不可能這麼簡單吧！

超~簡~單~還免清廚房
我鵝油香蔥拌菜

食材
大豆苗…150g

樂朋LE PONT
黃金鵝油香蔥…20g
醬油…1茶匙

不可能這麼簡單吧!

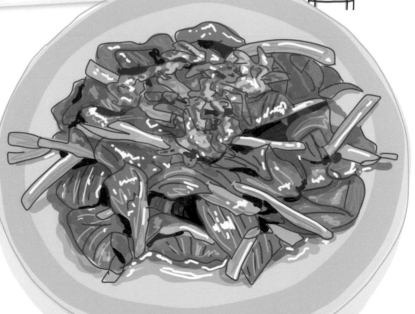

太晚認識「樂朋 LE PONT 黃金鵝油香蔥」了！一直到編輯大大送我們一罐油蔥之後，才知道有這個好物，一試成主顧。選擇自己喜歡的葉菜類洗淨切好，先用水煮過後瀝乾，再淋上油蔥和一點點醬油調味，味道完全就跟小吃攤的燙青菜一模模一樣樣，超級香的啦！重點是完全沒有油煙，煮好後再也不用清廚房清到眼神死了！

1 先把青菜燙熟

大豆苗→ 150g

水滾煮約5分鐘

可以換其他葉菜類
每種蔬菜永燙時間不同
請自行調整

2

夾起，要瀝乾一點

3 淋上鵝油香蔥、醬油即完成

我鵝油香蔥→ 20g

醬油1茶匙

GRAISSE D'OIE
LE PONT
Confit d'Echalotes

神級料理在家實現

電鍋版 白斬雞

Step Diagram

1 半隻雞(約875g) 均勻抹鹽

鹽

2 ← 外鍋1.5杯水

按下去直接蒸

印象中煮白斬雞是一件大費周章的事情，小時候阿嬤都會用家裡最大的鍋子燜煮一隻超大隻的全雞，過程中阿嬤還會用筷子撐起全雞翻來翻去，滿是熱騰騰的蒸氣，也不懂她到底幹嘛，只有傻傻的看著很怕她會燙傷。長大後自動白斬雞歸類成餐廳才會做的搞工料理，從沒有想過要自己弄。

前幾天阿母突然給我半隻雞，菜市場雞販教她用電鍋料理白斬雞的方法，而且半隻雞很適合小家庭吃，也不用擔心電鍋塞不下，沒想到一試就成功了！只用一點點鹽巴提味，雖然沒有像阿嬤做的皮脆肉滑，但原汁原味，還是能吃出雞肉的鮮香甘甜。

還加碼獲得多出來的雞油，淋在白飯上更是大加分，超香的～

跳起來後
拔起插頭火悶30分鐘

食材
半隻雞…約875g

用筷子戳肉最厚的
雞腿處，沒有血水
就OK了!

如果有血水噴出來
外鍋半杯水再蒸一次

蒸完鍋底
殘留的
雞油留著

雞油淋在
白飯上，很香!
可加少許醬油調味

白切五花肉
這樣煮超好吃！

Step Diagram

① 材料全都丟進去冷水開始煮

五花肉

米酒幾滴

水

蔥

薑片

食材
五花肉…1條（約250g）
蔥…1根
薑…2～3片
米酒…少許

②

水滾了之後，蓋上蓋子小火燜煮5分鐘。

以前吃五花肉都用電鍋蒸，結果常常會蒸過頭，皮都會變得很硬。某天跟同學聊到這件事，她就教我用這個方法煮。
從此以後五花肉就經常出現在我家的晚餐。又簡單又軟Q，大受歡迎。

軟嫩不柴～！

蒜＋醬油（絕配）

切片·完成！

好想偷看......

熄火。③

不要打開蓋子（忍住）
再火悶15分鐘（去弄其他菜）

大人小孩都喜歡
唐揚雞塊

吸油小幫手
廚房紙巾
↓

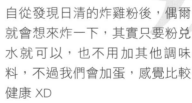

自從發現日清的炸雞粉後，偶爾就會想來炸一下，其實只要粉兌水就可以，也不用加其他調味料，不過我們會加蛋，感覺比較健康 XD

一炸完熱騰騰吃超美味，然後再一大口啤酒……就是一種簡單的幸福。

偷吃步料理

Step Diagram

食材
去骨雞腿肉…約800g
蛋…1顆
日清炸雞粉…50g
水…50ml

① 切塊的去骨雞腿肉 800g 左右

抓一抓

醃1小時

② 水50ml 粉50g 蛋一顆

攪拌均勻

③ 特地去搬了5公升葵花油!

(好重)

④ 炸到顏色金黃

在肉最厚的地方戳一下，沒有血水就熟了

63

懶人料理最高!
玉米粒炒絞肉

懶人救星!

玉米粒
CORN

這道菜在我們家出鏡率非常高，因為不用準備很多食材，煮起來非常快速方便，如果餐桌上缺一道菜色時就會想到它，玉米粒的鮮甜加上豬肉的香氣十分美味，家人都很喜歡；更加分的是它是一道便當菜，一次煮多一點，剩下的隔天再蒸一下，美味也不會改變。

Step Diagram

❶ 先把豬者絞肉炒到半熟

加一點點油

❷ 直接把整罐玉米粒倒下去

汁也要倒乾淨

❸ 炒3-5分鐘再加鹽就完成

鹽½匙

食材

豬絞肉…300g
玉米罐頭…1罐
鹽…1匙

被施了魔法的美味
肉絲炒麵

5

茅乃舍蔬菜高湯包

野菜だし
同産玉葱使用 無添加
コンソメ風

油麵

美味關鍵 高湯

把油麵和高湯
加進去炒一炒
就完成！

（起鍋前可撒一點蔥）

大家都知道高湯是美味的關鍵，但是忙碌的現代人沒有時間熬煮高湯，這時候無化學添加的茅乃舍高湯包就是廚房的好幫手，而且高湯包有很多使用方法也不一定只能煮成湯，像這道肉絲炒麵是把高湯包剪開取出裡面的粉末，加一點水攪拌一下，再跟其他食材一起炒一炒就可以，超好吃！

Step Diagram

1 把高湯粉用水拌勻

3大匙水

剪開倒粉

2

洋蔥、紅蘿蔔切絲
高麗菜也切一切

3 炒肉絲

食材
肉絲…200g
高麗菜…150g
油麵…360g
紅蘿蔔…半根
洋蔥…半顆
蔥…1根

茅乃舍蔬菜高湯包…1袋
水…3大匙

4 炒蔬菜

這鍋保證秒殺完食！
野菇雞肉炊飯

沒太時間煮飯的時候就常煮炊飯，反正把料統統丟進電子鍋裡煮就可以去做別的事，又不會產生油煙，除了菇類，也加過高麗菜、玉米筍，只要耐煮的都可以加。是不是超方便的 ^^

Step Diagram

①

懶得失態
省略
也OK

切丁的去骨雞腿排
用白胡椒粉、醬油、鹽醃一下
煎一下不用全熟

醬油⅓杯

肉   菇

②

順序 —菇—
    —肉—
    —米—

③ 用電子鍋煮
（跟煮白飯的
按鈕一樣）

2杯米
1.3杯水

菇會生水
水就放得比
煮白飯時少

食材
去骨雞腿排…2片
米…2杯
醬油…1/3杯
水…1 1/3杯
鴻喜菇…1包
香菇…3朵

打開後拌一拌、搞工一點
加個蔥花
就完成一餐了♡

玉子燒

去不了日本 但可以怒吃!

食材
蛋…3顆
茅乃舍玉子燒料理包…1袋
水…80ml

Step Diagram

加 80ml 的水
把調理塊
溶解

加
了顆蛋
拌均

①

②

前兩年跟著懂吃又會買的朋友,團購買了茅乃舍玉子燒料理包後,玉子燒就不再是只能在餐廳才能吃到的菜色了。只要 3 顆蛋+料理包,家裡的餐桌上就能出現經典日本風味的煎蛋卷了。

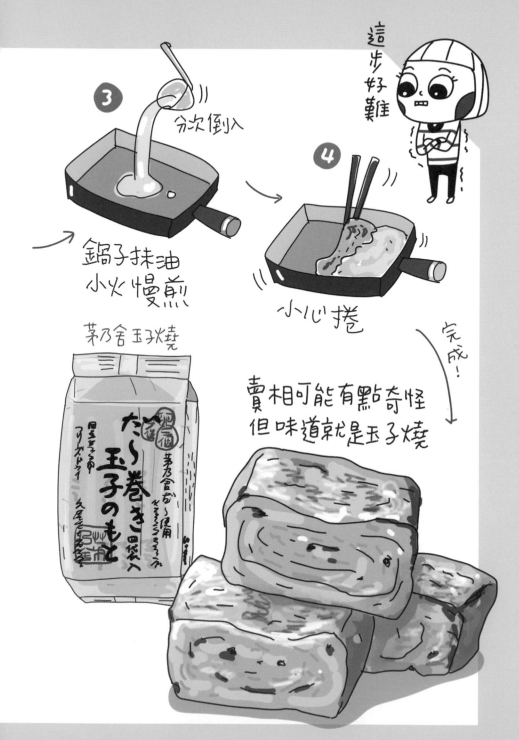

這步好難

③ 分次倒入

鍋子抹油
小火慢煎

④ 小心捲

完成！

茅乃舍玉子燒

賣相可能有點奇怪
但味道就是玉子燒

這道也可以當宴客菜喔！
高湯娃娃菜

娃娃?菜?

食材

娃娃菜…4顆

茅乃舍柴魚昆布高湯包…1 袋
蒜頭…3～4顆
蝦米…10g
枸杞…3g
水…600ml

色香味俱全，清爽不油膩的家常菜，料理起來十分快速簡單，因為有個祕密武器：茅乃舍柴魚昆布高湯包！不用再另外費工調味，就能做出湯頭鮮美、味道和諧的娃娃菜料理。

Step Diagram

①
加少許油將蒜末和蝦米
炒出香味

蝦米 10g

蒜末 3-4顆

油

② 加入娃娃菜、高湯包、水

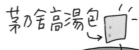 先加高湯包

 水
600ml

③
水滾了之後煮3分鐘把
高湯包夾起來

④ 蓋上蓋子燜煮10分鐘即完成
(起鍋前1分鐘加入少許枸杞)

讓自己融入韓劇中
泡菜豆腐鍋

追韓劇時，就會特別想吃韓式料理，烤肉、人參雞、辣炒年糕什麼都想吃，如果暫時沒辦法馬上飛去韓國，那就自己簡單做一鍋泡菜豆腐鍋來解解饞。

Step Diagram

白菜剝半顆
約450g

① 煮白菜
約20分鐘

水 700ml

食材

白菜…半顆（約450g）
火鍋肉片…1盒（300g）
豆腐…1盒（300g）
鴻喜菇…1包
蛋…1顆
蔥…1根

市售韓式泡菜…200g

② 火鍋肉片 300g
（要加什麼食材都行）

泡菜 200g
蛋1顆
豆腐1盒
菇1包

食材＋泡菜一起煮15分鐘
蛋&肉最後放

③ 等肉熟了撒蔥花就完成！

飯還沒煮幾頓
家私就一大堆！

還沒確定會不會煮，家私就先傳好了

秉持著「工欲善其事，必先利其器」的精神，
還沒確定會不會煮，
只要看到喜歡的鍋碗瓢盆就會先買起來。
結果沒煮幾頓飯，
家裡的廚房就被塞得滿滿的，
應該要把手剁掉才不會亂買！

煮飯的原則很簡單
能用1個鍋子煮完
絕對不用第2個!!!

今天就只靠你了!

不用第二個鍋

咩～

煮飯的原則很簡單,
只要能一鍋到底就不用兩個鍋!
而且如果能用筷子煮好,就不用鍋鏟,
每次都是夾到手快抽筋才不情願的拿鍋鏟來用……
到底是有多不想洗東西啦!

part
4

好湯上桌

夏日清爽好湯
冬瓜
排骨湯

Step Diagram

冬瓜　薑片3片　少許米酒

水 500 ml
淹過食材
就可以

① 冬瓜 600g 去皮 切塊

（排骨）

把所有料放進鍋子準備蒸

③

② 排骨(300g) 永燙去雜質

冷水慢煮等雜質浮出後
就可以撈起來洗淨

幾年前很少煮飯的時候，曾經有用瓦斯爐煮過冬瓜湯，對於當年還是廚房小白的我來說，以為煮一下子就好（不好意思我就是這麼天真），沒想到煮了半個小時還是很生，又多煮了好一陣子才勉強可以上桌，印象深刻。

現在我長大了，知道用電鍋就可以無腦輕鬆煮好，又不用三不五時到熱哭的廚房顧瓦斯，而且冬瓜的產季是在夏天，夏天買最便宜，湯頭清爽，非常適合在盛夏煮這道湯。

4 外鍋1.5杯水蒸
跳起來後
再火悶1小時

食材
排骨…300g
冬瓜…600g
薑片…3-4片
水…500ml
米酒…少許
鹽…1.5匙
（台鹽盒子裡附的湯匙）

5 火悶熟起鍋
再用鹽巴調味

營養、香濃且低熱量
南瓜濃湯

入秋之後來一碗口感綿密、香濃滑順的南瓜濃湯，最是幸福。而且南瓜營養豐富又有飽足感，比起一般米飯、麵食等澱粉類主食熱量低很多，真是控制體重時的好朋友。

食材

南瓜…600g
洋蔥…半顆
高湯…100ml
牛奶…30ml
蒜…1顆
奶油…適量
鹽…適量
胡椒…適量

南瓜很營養而且是
優質的澱粉來源

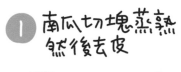

① 南瓜切塊蒸熟
然後去皮

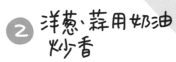

② 洋蔥、蒜用奶油
炒香

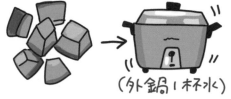

(外鍋1杯水)

奶油

切碎的
洋蔥&蒜

③ ①+②
用果汁機
打成南瓜泥

如果太乾打不動
加一點高湯或水
就不會空轉

⑤ 淋鮮奶油
撒黑胡椒

④

高湯
鹽巴
牛奶
南瓜泥
煮滾

不時攪拌以免燒焦

完成!

苦瓜排骨湯

需要降火氣時來一碗

外鍋1.5杯水

④ 按下去直接蒸

白胡椒　鹽巴

⑤ 跳起來後
加少許白胡椒
鹽巴
(也可不加,豆豉有鹹了)

火大!!

給我來碗苦瓜湯!!!

食材

苦瓜⋯1顆
排骨⋯300g
薑片⋯2片
豆豉⋯20g
小魚乾⋯10g
米酒⋯少許

Step Diagram ① 汆燙排骨(半斤)
把雜質洗掉

② 苦瓜(1顆)
去籽切塊

薑片2片　米酒少許　豆豉20g
排骨　　　　　小魚乾
苦瓜　　　　　一小把
③ 加水
淹過食材

熬夜追劇追了幾天，嚴重的睡眠不足導致火氣大，需要來一碗清爽
退火的苦瓜湯。家傳的苦瓜排骨湯都會加上豆豉和小魚乾，苦甘苦
甘的湯頭，營養好喝又可以降降火氣。

蔬菜多到滿出來 羅宋湯

Step Diagram

非常喜歡喝以番茄為底的羅宋湯，因為番茄的酸味再搭上高麗菜、芹菜等各種蔬菜熬煮後的甜味實在是很搭，每次都可以吃上好大一碗。外面的羅宋湯都是用牛肉，在家煮就換成習慣吃的豬肉，也很好喝喔！

1 豬肉切丁（約半斤）

牛肉也可以

炒半熟

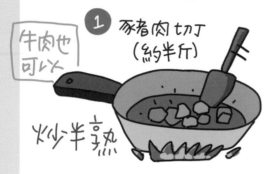

2

馬鈴薯 1 顆　　洋蔥 1 顆　　紅蘿蔔 1 根　　芹菜 1 把　　番茄 2 顆　　蒜 5 顆

切丁 炒軟

炒蔬菜

多吃蔬菜好健康~

食材
豬肉…半斤
馬鈴薯…1顆
紅蘿蔔…1根
洋蔥…1顆
芹菜…1把
番茄…2顆
蒜…5顆
高麗菜…1/4顆

番茄罐頭…1罐
水…1500ml
鹽…適量
黑胡椒…適量

蓋起來中小火煮1小時
起鍋前試味道
不夠鹹鹹再加鹽、黑胡椒

高麗菜1/4顆

水
1500ml

番茄罐頭1罐

水要
淹過食材

3

4

把炒好的菜、高麗菜、
番茄糊、水加到大湯鍋

瓜仔雞湯

阿嬤的味道

我阿嬤年輕時據說有開過餐廳，難怪她的菜總是特別好吃。
這道湯就是以前她常煮給我們喝的，她一定會用日光牌的花胡瓜罐
頭，只要把雞腿和醬汁煮一下，要起鍋前再把醬瓜、蒜、香菜加進去，
簡單又好喝。
每次喝著這個湯就會邊想念起阿嬤。

Step Diagram

① 帶骨
大雞腿
切塊

② 罐頭醬汁
瓜先不放，不然太鹹

水

腿

煮10-15分鐘

3

花胡瓜塊下！

蒜切段

香菜隨意

煮 2~3 分鐘

完成！

食材
帶骨大雞腿…2支
花胡瓜罐頭…1罐
蒜…1根

冬天怎麼可以不吃
麻油雞

Step Diagram

① 用麻油炒
5-6片老薑片
炒到乾乾的

↓中小火
→

② 炒 切塊
大雞腿 →

頭兒爸爸只要天氣冷一點，就會煮麻油雞給我們吃，他會買一整隻雞去煮；先用麻油去煸炒老薑，然後不加一滴水，再倒米酒下去煮成熱騰騰一大鍋，真是暖心又暖胃有夠好吃。
我和大A先生自己想吃的時候，就買大雞腿來煮，兩人一餐剛剛好。

完成!

3 豪邁倒進 1瓶米酒 (淹過肉)

小心不要點燃酒精

大火煮滾

火不能太大

煮20分 讓酒精揮發

鹽巴一咪咪

4

食材
大雞腿…1隻
薑片…5～6片

調味料
麻油…3大匙
米酒…1瓶
鹽…少許

煮一大鍋也不怕喝不完
刈菜雞湯

過年前後，市場都會有便宜又超大顆的芥菜（就是刈菜、長年菜），尤其過年家裡有吃長年菜祈求長命百歲的習俗，從小就不會怕芥菜的苦味，而且媽媽都會先汆燙過去除苦味再料理，最好吃的就是加上干貝的雞湯，相當甘甜美味，真的會一碗接一碗的喝！

Step Diagram

食材
刈菜…1顆
雞…1隻（約4斤）
乾干貝…3～4顆
鹽巴…2匙

❶ 刈菜洗淨切段
汆燙一下可去除苦味

❷ 換汆燙雞肉
去除雜質、血水

乾干貝
20g

❸ 燙好的雞肉和
乾干貝加水煮滾

← 大火

竟然比我的頭還大!!

④ 加入刈菜煮滾後
轉中小火煮20分鐘
起鍋前撒鹽即可

刈菜

味噌魚湯
蛋白質滿載

在傳統市場的魚攤買魚時，有時候會看到一小堆的魚骨，很便宜，我們一般都會買來加進味噌湯裡煮，可以更增加魚湯的鮮味。每個品牌的味噌味道都不同，記得邊煮邊試喝。另外，喝湯的時候要小心魚刺喔！

Step Diagram

食材

鮭魚頭…半顆
魚骨…一小堆（可省略）
洋蔥…半顆
水…1000ml
味噌…70g
豆腐…1盒
海帶芽…10g

① 魚頭和洋蔥加水煮滾

鮭魚頭半顆　　　洋蔥半顆

魚骨（可省略）　　切塊　　切絲　　水1000ml

2 加入味噌 (70g)

把味噌攪開
一邊加一邊試味道
因為每家味噌味道不同

3 加入豆腐和海帶芽，煮2-3分鐘
即可撒蔥花起鍋

海帶芽10g

豆腐
切好
(一塊)

小心魚骨

一碗接著一碗
番茄蛋花排骨湯

這道湯是我的最愛。材料和調味都很簡單,主要是要花多一點時間熬煮排骨、再加一點點時間煮番茄,最後加上滿滿的蔥花,排骨熬過的清甜湯頭加上番茄自然微酸,我可以喝個 3 大碗都沒問題。

食材

排骨…1根(約200g)
番茄…2顆
蛋…3顆
蔥…1根(可隨自己喜好調整)
鹽巴…1.5匙

排骨氽燙後撈起
去除雜質、血水

←排骨200g

排骨和適量的水
煮滾後小火煮20分鐘

番茄塊
(2顆)

番茄切塊後加入
煮開後再煮5-10分鐘
(煮到番茄微微脫皮)

鹽巴1.5匙
蛋液
3顆
蔥花

加入蛋液煮2-3分鐘
即可撒鹽調味
最後加蔥花起鍋

part
5

涼拌小菜

爽脆的程度隔壁桌都會聽到
涼拌小黃瓜

說真的一直沒有很喜歡小黃瓜的味道，但是料理過後，加了大蒜、香油和醋調味，就不會有那種很生澀的味道，夏天吃爽脆又開胃。而且不需要任何廚藝，只要會加調味料喇一喇冰起來就可以完成！

Step Diagram

順便發洩（謎）

1 把切段的小黃瓜(2根)用刀背拍碎

食材
小黃瓜…2根
蒜…5-6片
香油…1/2大匙
醋…1/2 大匙
糖…1/2大匙
鹽…2匙（台鹽盒子裡附的湯匙）

2

放鹽巴等半小時出水

1/2大匙鹽

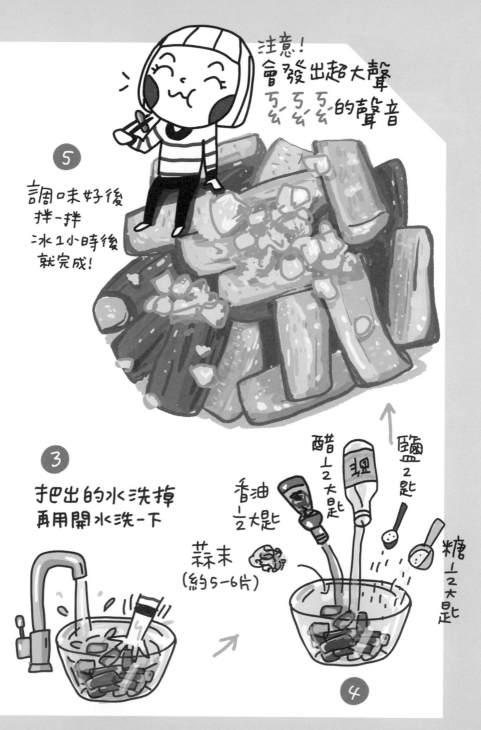

注意!
會發出超大聲
丂丂丂的聲音

5

調味好後
拌一拌
冰1小時後
就完成!

3

把出的水洗掉
再用開水洗一下

醋½大匙

鹽2匙

香油½大匙

蒜末
(約5-6片)

糖½大匙

4

101

冰冰涼涼 酸酸甜甜

蜜漬小番茄

魔鬼關卡！

Step Diagram

① 小番茄滾水煮20秒，馬上撈到冰冰

可以先在番茄上劃一刀會更好剝皮

2盒小番茄 冰冰

② 剝皮！

這道小菜酸酸甜甜的十分開胃，大人小孩都喜歡；但不管單點或配菜份量都少少的，就只能省省的吃。

大 A 先生在市場看到 3 盒 100 元的小番茄就決定再來做這道小菜。要做一次就多做一點，一次就煮了 2 盒。煮的時候要小心不能煮過頭，不然小番茄會太熟裂開，但最費工的還是剝皮，光剝皮我們 2 個人合力剝，還是花了 20 分鐘才剝完，真是一道簡單但搞工的料理。冷藏第一天其實就可以吃了，但想讓它再入味一點又多忍了一天，第二天小番茄冰冰涼涼酸酸甜甜的，可以連吃好多顆，真的很過癮。

涼拌小菜

③ 煮梅子汁

水 1000ml

1匙
麥牙糖
用其他
糖也可以

15個話梅

滾了之後
再倒進小番茄
再煮滾就關火
（番茄煮太久會爛掉）

分開放涼

小番茄
撈出來

梅汁

④ 小番茄

⑤ 梅汁

一起倒進容器
梅汁要蓋過小番茄
冰到冰箱
等1-2天入味

等入味

食材
小番茄…2盒
話梅…15顆
麥芽糖…1匙
水…1000ml

完成！

第1天就可以吃
第2天更入味

我家小朋友説他們也喜歡
蜜漬山苦瓜

苦瓜也可以這樣吃♡

Step Diagram

砂糖150g

麥芽糖80g

水800ml

① 煮糖漿

話梅12顆

煮15分鐘讓話梅釋放味道

② 處理山苦瓜（1顆，約500g）

對切把籽和白囊刮乾淨

→ 白白的東西就是苦味來源

切成薄片

看到新聞介紹山苦瓜的營養價值有多高、有多棒，甚至有廠商把山苦瓜製成保健食品，就在想到底要怎麼讓全家人都克服口味障礙吃下肚？做成蜜漬絕對是最好的選擇，連小朋友都能接受喔！

汆燙山苦瓜30秒後，放入冰水冰鎮

3

爽脆小祕訣

4
把食材倒進乾淨容器，冰2-3小時就可以吃了

檸檬汁少許

糖漿

山苦瓜

食材
苦瓜…1顆
砂糖…150g
麥芽糖…80g
話梅…12顆
水…800ml

酸甜爽脆好滋味
台式泡菜

Step Diagram

① 高麗菜葉剝一片一片的

高麗菜→
半顆
(約900g)

每片大約半個手掌大

梗用刀背
拍一下

③ 把菜放進塑膠袋中
撒鹽、把袋子封好

鹽3匙

菜
如果裝不下
分兩袋弄

② 紅蘿蔔切絲

1根
(約70g)

喜歡有口感就
不用切太細

④ 用力搖3分鐘

讓鹽均勻
沾到菜上
順便練身體

⑤ 靜置20分鐘

菜會生水
縮小

涼拌小菜

106

去路邊攤吃炸臭豆腐除了臭豆腐本人之外，更喜歡靈魂配角泡菜，酸酸甜甜的滋味和清脆口感，會想一吃再吃，但老闆總是給少少的。在家自己製作，做法很簡單，當個泡菜富翁，還可以隨時拿出來搭配各種油炸食物。

6 攪拌到糖融化

純米醋 180ml
砂糖180g
話梅 4-5顆

7 把菜用開水洗乾淨

8 把菜擠乾加到糖醋醬裡加辣椒裝飾
把水擠乾
辣椒1～2根切小段

9 冷藏3小時即可

食材

高麗菜…半顆（約900g）
紅蘿蔔…1根（70g）

純米醋…180ml
砂糖…180g
話梅…4～5顆

辣椒…1～2根

剛從地獄回來

每次一到夏天，
大 A 先生煮完飯走出廚房時，
流汗浹背滿臉通紅，
好像剛從地獄回來（怕），
不論他煮什麼會我都會說好吃……

煎魚都怕得要命！

魚下鍋時，還是需要勇氣～

就算現在已經很常煮飯了，
每次要魚下鍋前，
就算已經很神經質的把魚肉上的水分用廚房紙巾吸乾，
但是下鍋那一瞬間還是超抖，
很怕那個很激烈的油爆聲，
感覺隨時會被燙死的油給濺到。

配啤酒
完美!

清甜又潤口
五花肉捲玉米筍

如果那一天比較有空閒，或是菜色想要來一點變化，就會花一點點時間來捲這個肉卷。捲這個沒有難度，無腦把肉卷到玉米筍上就可以；食材也都很好買，肉片就用一般的火鍋肉片，沒有五花肉用梅花肉片也可以。因為家裡有正在成長的小孩，所以一根玉米筍通常就捲兩片肉片，胖嘟嘟的肉卷，可以同時吃到充滿油脂的肉香和清甜的玉米筍，再搭配有點甜甜的醬汁，覺得自己好會煮啊哈哈！

Step Diagram

① 先把玉米筍煮熟(5分鐘)

肉片重疊比較不會散開

② 2片肉+1根玉米筍 捲起來

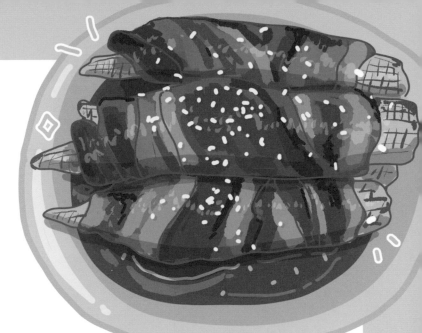

④ 肉片變絶色熟了
就可以煮
醬汁

醬油
2大匙

米酒
1大匙

味醂
2大匙

⑤ 醬汁收乾到濃稠就完成
再撒白芝麻裝飾(可省略)

食材
玉米筍…1盒
五花肉火鍋肉片…1盒

醬汁
味醂…2大匙
醬油…2大匙
米酒…1大匙
白芝麻…可撒可不撒

放一點油
煎肉卷
接縫處朝下
先煎

③

羊角椒鑲肉

一條一口很快就沒有囉!

Step Diagram

洋蔥切碎　蒜末　醬油　白胡椒

絞肉

① 製作內餡
把材料和絞肉
攪拌均勻

② 把絞肉放到塑膠袋,袋子角落
剪一個小洞,方便把絞肉
擠到羊角椒裡。

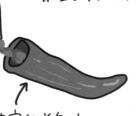

洗好去籽中空的羊角椒

醬油　味醂　水

③ 先煎一下上色
再倒入調味料

下酒美食

114

之前有做過糯米椒鑲肉，但是糯米椒太細，光塞絞肉就塞到升天；羊角椒大小就非常剛好，把絞肉裝到小塑膠袋裡，角落剪一個小洞就變成擠花袋，能輕鬆把絞肉擠到羊角椒裡。煮熟的角椒沒有苦澀味，口感軟嫩多汁，非常下飯。

食材
羊角椒⋯6根

絞肉⋯300g
洋蔥⋯半顆
蒜頭⋯2顆
醬油⋯2大匙
素蠔油⋯1大匙
白胡椒粉⋯少許

調味料
醬油⋯1大匙
味醂⋯1大匙
水⋯200ml

咩～

4

蓋上鍋蓋
燜煮8分鐘即完成
（中間稍微翻面一下）

115

土雞城名菜
魚乾炒山蘇

每次去山上的土雞城吃飯都會點這道炒山蘇，脆嫩卻又帶著黏滑的口感，非常特別。家裡如果有小魚乾和豆豉就可以炒，材料很簡單，簡單喇一喇就可以嚐到天然健康的野菜。

捲起來這邊特別嫩！

1 清洗時把老老的地方折掉一小段
然後對切

每片攤開洗 → 折掉後長這樣

← 老的地方折掉

←葉子留下

2 加少許油將小魚乾和
豆豉炒出香味

小魚乾20g

豆豉20g

油

3 開大火倒進山蘇
加一點水，拌炒3-5分鐘即可

水20ml

食材
山蘇…300g
小魚干…20g
豆豉…20g
水…20ml

← 大火

想到這道口水直流
涼拌雞絲

Step Diagram

① 煮熟雞肉(400g)

滾水煮5分鐘火悶15分鐘
(湯留半碗起來調味)

② 冰鎮雞肉

③ 把雞肉
弄成絲
(利用叉子)

固定→

←另一支撕

夏天的晚上通常比較沒有胃口,想
要來點冰冰涼涼,又有蛋白質又不
想太油膩,這個時候把雞胸肉稍微
變化一下,不僅營養價值高而且熱
量又低,是清涼爽口的晚上吃也沒
有負擔的一道菜。

洋蔥一顆

小黃瓜1條

4

雞絲

把洋蔥和小黃瓜切絲
跟雞肉放在一起

食材
雞胸肉…400g
大蒜…5〜6顆
洋蔥…1顆
小黃瓜…1條
醬油…2.5大匙
香油…1大匙
檸檬汁…1大匙
糖…1/3大匙
鹽…半匙

檸檬汁1大匙
香油1大匙
雞湯半碗
50cc

醬油
2.5大匙

糖1/3大匙

大蒜切碎
(5-6顆)

鹽巴
半匙

5

調味拌均

完成!

冰箱常備下酒菜
涼拌鴨賞

配啤酒完美!

不知道什麼時候開始,過年前都會特別跑一趟宜蘭去買鴨賞,退冰就可以馬上吃的那種,簡單弄一弄就能成為一道年菜。我們不會加太多料,只會調味及加大量的蒜苗,清爽的蒜苗和重鹹的鴨賞相當合拍,超級涮嘴,夏天配啤酒也非常合適。

Step Diagram

1 鴨賞切片（好入口大小）

半隻

2 蒜苗斜切

5根

3 冰糖用熱水融化

熱水<30ml

←冰糖
20g

4 肉、醋、糖充分拌勻

糖水

烏醋
90ml

5 最後加入
蒜苗、香油
拌一下即可

蒜苗

香油
15ml

食材

鴨賞…半隻
烏醋…90ml
香油…15ml
冰糖…20g（用30ml熱水融化）
蒜苗…5支

一口接一口停不下來啊！
拔絲地瓜

小時候在餐廳第一次吃到拔絲地瓜的記憶一直存在，一口咬下外層的糖衣冰涼脆甜，內餡卻又是溫熱鬆軟的地瓜，明明很衝突但又是那麼協調，怎麼會有那麼好吃的點心啊！一定要自己試做看看！

食材
地瓜…2顆（300g）
白砂糖…70g
水…10ml

Step Diagram

1 　地瓜削皮後切成小塊

↓

2 地瓜塊先油炸7-8分鐘，撈起來

油淹過地瓜

中小火→

廚房紙巾瀝油

↓

3 用平底鍋煮糖水

糖 & 少許水

至少煮5分鐘

煮至微微焦糖色

↓

4 將地瓜裹上糖水後過一下冰水即完成

快速翻動地瓜

冰水

完成！

炸芋丸

芋頭/糖/地瓜粉/油 完成！

Step Diagram

500g芋頭去皮切丁蒸熟

① ②

搗成泥狀
不喜歡顆粒口感
一定要很「泥」

③

糖 70g
可以自行調整

地瓜粉 50g
增加黏性和Q度

食材
芋頭…500g
地瓜粉…50g
糖…70g

或是叫炸芋棗、炸芋圓。

以前我是完全不吃任何芋頭相關的食物，尤其我是火鍋裡面絕對絕對不可以放芋頭那一派的，什麼芋頭在湯裡化開是人間美味，在我看是人間毀滅……

但自從吃了婆婆做的炸芋丸，哇咧！才知道原來芋頭也有好吃的！

於是就逼大 A 先生去跟婆婆學怎麼做，原來成分很簡單欸！大家也可以試做看看。

④ 使勁捏成
橢圓形

容器先
撒粉
才不會黏住

⑤ ←炸的時候番羽一下

油放大概
丸子$\frac{1}{3}$高度

把油加熱到油面有水紋
就可以下鍋，炸到金黃即可。

內餡
鬆鬆

外皮
酥酥

不小心就會吃太多的 桂圓米糕

最開始是婆婆做好讓我們打包帶回家給小孩吃，據說這樣比較不會尿床。

結果小孩超愛，不時就會問還有沒有；某日我媽不知哪來的龍眼乾一直叫我帶回家，大A先生就問了婆婆米糕的做法，從此就不時出現在家裡餐桌上。

圖中的黑糖份量只是參考。大A先生自己很愛龍眼乾本身自帶的甜味，每次都放了一堆，所以黑糖不是一口氣倒進去，都是一邊加一點一邊拌一邊吃，夠甜就不用再加了喔。（所以起鍋時就已經少了好幾大口）

Step Diagram

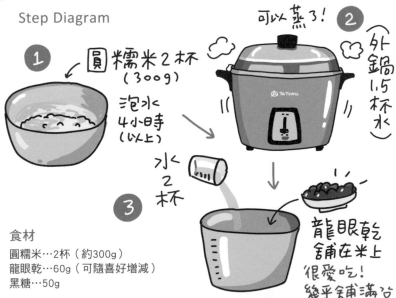

可以蒸了！

① 圓糯米2杯（300g）
泡水4小時（以上）

② 外鍋1.5杯水

③ 水2杯

龍眼乾鋪在米上 很愛吃！幾乎鋪滿台

食材
圓糯米…2杯（約300g）
龍眼乾…60g（可隨喜好增減）
黑糖…50g

DONE!

4 跳起來 再加糖

黑糖
約50g
龍眼乾多
糖就少

拌勻

⚠️小心燙⚠️

再火悶10分鐘
(不用加水)

5

用電鍋蒸就可以完成的
黑糖糕

香氣撲鼻看起來又Q又亮的黑糖糕在家也可以自己做，而且可以做小小一塊、黑糖也可以放少一點，不要太甜，解個饞就好。

我們有做過低筋麵粉和中筋麵粉兩種版本，中筋麵粉會比較Q，口感變得有點像黑糖饅頭 XD，後來就一直都是用低筋麵粉來做；另外，這個版本的黑糖已經有減量了。

Step Diagram

黑糖70g
用160ml熱水
融化，放涼。

麵糊過篩
到玻璃樂扣
(也可以用別的)
← 有舖烘焙紙
方便脫模

低筋麵粉110g
地瓜粉50g
泡打粉6g
過篩加到黑糖水
拌勻再加
植物油6ml

note!
這個份量小小的2
約4吋蛋糕模而已

再燜
1-2分鐘

跳起來後
撒熟白芝麻

⑤

外鍋放
2.5杯水
蒸約30分鐘

④

食材

低筋麵粉…110g　　黑糖…70g
地瓜粉…50g　　　白芝麻…少許
泡打粉…6g　　　　熱水…160ml
植物油…6ml

131

法式吐司

應該沒有小朋友能說不吧！

咖啡絕配

1 牛奶 50ml
蛋 1 顆
糖 5g
攪拌均勻

2 把吐司浸到
蛋液約2-3小時
中間要翻面一次，
兩面都吸飽

3 把吐司煎上色
∨ 開小火
∨ 先放無鹽奶油
∨ 放吐司大約1-2分鐘
就可以翻面

奶油

小火 →

螞蟻人的愛

132

家裡有青少年常常很困擾的就是，他們放學回來要怎麼應付他們飢餓的肚子，有時候，把早餐剩下的吐司稍微變化一下，就不會被他們嫌棄了，利用小朋友放學前幾點小時泡一下雞蛋牛奶，放學回來五分鐘點心就可以完成了。

5 淋上蜂蜜就完成!

食材
厚片吐司…1片
牛奶…50ml
蛋…1顆
糖…5g
蜂蜜…依自己喜好添加

4 180°C 烤10分鐘

和哆啦A夢一樣喜歡
銅鑼燒

長得像銅鑼
所以叫「銅鑼燒」

Step Diagram

① 豆紅1杯
浸泡1夜

外鍋3杯水 ②
內鍋3杯水

直接蒸
蒸好後燜20分鐘

米唐30g

③ 把水瀝乾
加糖拌一拌，拌成泥 →

如果想保留顆粒感
就不用拌太久

哆啦Ａ夢最喜歡的點心。我們喜歡吃有一點顆粒感的紅豆餡，所以在拌紅豆泥的時候就有保留一點顆粒，而且自己做可以不用放太多糖，吃起來美味又健康，放幾個在冰箱，肚子餓隨時可以吃。

份量 5～6個

食材

麵糊
低筋麵粉…120g
雞蛋…2個
蜂蜜…2大匙
糖…85g
小蘇打粉…1.5g
水…60ml

紅豆餡
紅豆…1杯
糖…30g

6 把紅豆泥包在兩片麵皮中間即大功告成！

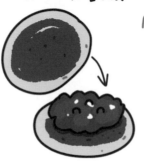

5 不沾鍋 →

←小火

先將平底鍋加熱再倒入麵糊一次煎一片

氣泡

表面開始出現氣泡就可以翻面，翻面後煎30-40秒即可

4 準備麵糊把材料攪拌均勻

低筋麵粉120g　糖85g　蜂蜜2大匙　水60ml

小蘇打1.5g

蛋2顆

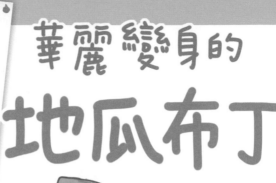

華麗變身的

地瓜布丁

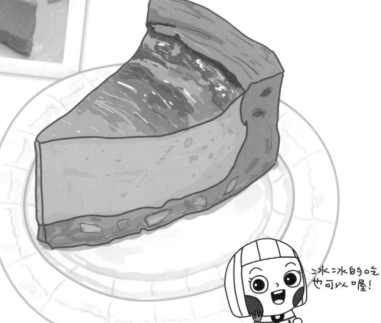

冰冰的吃
也可以喔!

食材
地瓜皮
地瓜…300g
細砂糖…25g
無鹽奶油…20g
低筋麵粉…100g

布丁液
蛋黃…4顆
細砂糖…35g
牛奶…130ml
鮮奶油…130ml

Step Diagram

① 地瓜去皮、切片、蒸熟

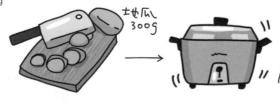

地瓜
300g

外鍋放
1.5杯水蒸

地瓜除了直接吃，也可以做成很可愛的甜點，地瓜布丁就是其中之一。香氣十足的地瓜餅皮和滑順綿密的布丁餡意外的合拍，不論是剛烤出來或是冰冰的都很好吃喔！

2 蒸好的地瓜馬上加糖和奶油，拌成泥

細砂糖
20g

無鹽奶油
20g

用湯匙或
叉子壓

地瓜還熱熱的
奶油和糖很快融化

3 地瓜泥加入麵粉揉勻，放到烤盤捏成碗狀

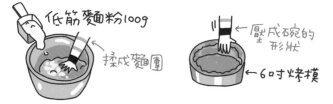

低筋麵粉100g

揉成麵團

壓成碗的
形狀

6吋烤模

4 準備蛋液

牛奶130ml

鮮奶油
130ml

蛋黃
4顆

攪拌均勻

5 將蛋液過篩
倒進麵皮中

6

180℃烤50分鐘
即完成！

萬年不敗！
三種食材就能完成！
焦糖布丁

Step Diagram

❶ 糖+水煮成焦糖色後，加熱水，倒入布丁模

糖40g　水15ml

←小火
（不用攪拌）

熱水10ml

（比較好倒出來）

❷ 牛奶+糖加熱把糖融化

糖10g　牛奶200ml

←要攪拌

❸ 打2顆蛋，打散

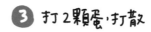

焦糖布丁在家裡是萬年不敗的點心，時不時就會想要吃一下，市售的布丁大部分都有添加物，其實只要有牛奶、雞蛋和糖這些材料，在家就能烤出口感紮實又安心的焦糖布丁，大家都可以試做看看喔。

④ 將牛奶倒入
蛋液中

⑤ 將布丁液
過篩加到
布丁杯中

⑥ 布丁杯用鋁箔紙封口
放到烤盤、加水

鋁箔紙→

烤盤→

加水烤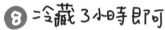

⑦ 170℃火考60分鐘
即完成！

⑧ 冷藏3小時即可

食材

焦糖材料
細砂糖…40g
水…15ml

布丁體
牛奶…200ml
細砂糖…10g
蛋…2顆

只需要3種材料
就可以完成！

吃剉冰必點
蜜芋頭

我和大Ａ先生都是火鍋裡絕對不可以有芋頭的那一派，芋頭是我們共同的敵人（笑），芋頭是很少出現在我家餐桌上的食物。但是，蜜芋頭可以！鬆軟綿密又香又甜，而且冷的熱的都很好吃。芋頭真的是令人又愛又恨的神奇食物啊！

食材
芋頭…600g
水…1000ml
冰糖…150g

1 芋頭去皮、切塊、蒸熟

芋頭
600g

外鍋放
2杯水蒸

冰糖150g

2 把冰糖煮到融化

3 放入蒸好的芋頭，
小火煮25分鐘即可

←蒸好的芋頭

小火

可以煮好馬上熱熱吃，
也可以冰起來冰冰的吃♡

part **8**

減重好朋友

光看就
食指大動

♡減重好朋友♡
無澱粉蛋餅

Step Diagram

① 一顆蛋　鹽　一根蔥　準備蛋液

② 把生豆皮攤開　煎到恰恰

先加一點油

中小火

③

把蛋液倒在豆皮上

因為我早餐很喜歡吃蛋餅，是可以每天都吃的那種，但是澱粉吃太多實在母湯，於是經紀人好朋友就教我做這個，用生豆皮當餅皮，真的是健康好吃，而且還很簡單，推薦給大家。

蔥

我都會挑最肥的蔥才夠味！

食材
生豆皮…1片
蛋…1顆
蔥…1根

⑤ 切2-3段 (小心燙) ↑ Done!

④ 蛋有點熟就可以開始捲（努力回憶早餐店阿姨的動作）

鏟子 " 筷子

材料加一起→拌一拌→完成!
酪梨番茄沙拉

之前有過一次太早殺酪梨,結果吃起來的口感很可怕的失敗經驗,雖然爸媽沒事就苦口婆心說酪梨真的很營養可以常吃,但酪梨從來不曾在購物清單裡。

前幾天頭兒爸就去買了酪梨,等熟了才打電話給我叫我回去拿,說保證熟得剛剛好XD,一試之下,酪梨配番茄加洋蔥完全就是我的菜,好好吃!

另,頭兒也很愛香菜,恨死香菜的人可以假裝沒看見嘿～

Step Diagram

番茄
2顆
切丁

洋蔥半顆
切丁
先泡冰水
就不會太嗆

香菜少許
恨此物的人
可省略

香菜♥
明明就
超好吃.....

酪梨1顆
切丁

鹽1小匙

醬油少許

橄欖油15ml

黑胡椒
隨意

檸檬汁20ml

蜂蜜15ml

honey

食材

酪梨…1顆
番茄…2顆
洋蔥…半顆

檸檬汁…20ml
蜂蜜…15ml
橄欖油…15ml
醬油…少許
黑胡椒…少許
香菜…少許（可省略）

顏值超高的料理
蔬菜烘蛋

一鍋到底的清冰箱料理，看冰箱裡有什麼蔬菜，蔬菜都可依自己的喜好隨意調整；然後都切成好入口的大小，全丟進鍋子裡先炒一炒，再加入蛋液調味稍微拌一下，送進烤箱烤熟就可以，真的是超級方便的！如果有加彩椒顏色更繽紛，光看就好有成就感！

Step Diagram

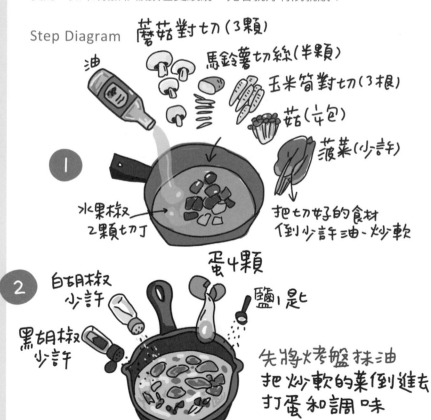

蘑菇對切(3顆)
馬鈴薯切絲(半顆)
玉米筍對切(3根)
菇(半包)
菠菜(少許)
油

① 水果椒 2顆切丁
把切好的食材 倒到少許油~炒軟

② 蛋4顆
白胡椒少許
黑胡椒少許
鹽1匙
先將烤盤抹油 把炒軟的菜倒進去 打蛋和調味

光看就
食指大動

食材
蛋…4顆
水果椒…2顆
馬鈴薯…半顆
玉米筍…3根
鴻喜菇…1/4包
菠菜…少許

調味料
鹽…1匙
白胡椒…少許
黑胡椒…少許

③

送進烤箱
180度烤20分鐘
用筷子戳一下
沒有蛋液就完成!

偽裝成寬麵的杏鮑菇
雞肉杏鮑菇麵

Step Diagram

① 雞胸肉切塊
醃10分鐘

糖1茶匙

太白粉1小匙

醬油1大匙

用手抓一抓

雞胸肉200g

② 把蔬菜洗淨、切好

杏鮑菇→2根

←切薄片

洋蔥半顆
↓切絲

花椰菜半顆
←切成小朵狀

控制體重的期間盡量不吃精緻澱粉,但從小到大熱愛麵食的我,有時候就會好想好想吃麵,這時杏鮑菇就是可以偽裝成麵條的好物,切成薄片之後有脆脆的口感又不軟爛,也很方便料理,重點是就算狠吃一大盤也不用怕胖!

減重好朋友

150

3 先炒洋蔥、杏鮑菇

水<30ml
加水幫助
軟化

4 加肉炒熟、加鹽

鹽1匙

雞肉

← 花椰菜

5 起鍋後撒
黑胡椒即可

黑胡椒

愈不能吃愈想吃……

澱粉

食材

雞胸肉…200g
杏鮑菇…2根（約150g）
花椰菜…半顆（約150g）
洋蔥…半顆（約90g）

醬油…2大匙
糖…1茶匙
太白粉…1小匙

鹽巴…1匙
黑胡椒…少許

煮飯
很開心

洗碗
很痛苦

可以不要洗碗嗎？

炒菜、煮飯的時光很開心，
但是快樂完的代價，
就是要面對一堆油膩的鍋碗瓢盆，
光想就心累啊！

被遺忘已爛掉的洋蔥

爛掉的洋蔥

一直覺得廚房有個怪味道，
一家人像小狗一樣輪流到處聞也找不到臭味的來源。
終於在櫃子底層看到一個神祕紅白塑膠袋，
翻出來後滾出一顆已經爛掉的洋蔥！
臭氣沖天！

bon matin 151

巴逗腰（肚子餓了）

圖 文 創 作	大頭兒	法律顧問	華洋法律事務所　蘇文生律師
料理設計執行	大Ａ先生	印　　製	凱林彩印股份有限公司
社　　　長	張瑩瑩	初　　版	2024 年 03 月 27 日
總 編 輯	蔡麗真		
美 術 編 輯	林佩樺		
封 面 設 計	謝佳穎		有著作權　侵害必究
			歡迎團體訂購，另有優惠，請洽業務部
責 任 編 輯	莊麗娜		（02）22181417 分機 1124
行銷企畫經理	林麗紅		
行 銷 企 畫	李映柔		
出　　　版	野人文化股份有限公司		
發　　　行	遠足文化事業股份有限公司（讀書共和國出版集團）		

　　　　　　地址：231 新北市新店區民權路 108-2 號 9 樓
　　　　　　電話：（02）2218-1417
　　　　　　傳真：（02）86671065
　　　　　　電子信箱：service@bookrep.com.tw
　　　　　　網址：www.bookrep.com.tw
　　　　　　郵撥帳號：19504465 遠足文化事業股份有限公司
　　　　　　客服專線：0800-221-029

特 別 聲 明：有關本書的言論內容，不代表本公司／出版集團之立場與
　　　　　　　意見，文責由作者自行承擔。

國家圖書館出版品預行編目（CIP）資料

巴逗腰（肚子餓了）／大頭兒著 . -- 初版 . -- 新北市：野人文化股份有限公司出版：遠足文化事業股份有限公司發行 , 2024.04
160 面；15×21 公分 . --（Onbm；151）　ISBN 978-626-7428-39-9（平裝）　1.CST: 食譜
427.1　　　　　　　　　　　　　　　　　　　　　　　　　　　　　　　　　113003094

野人文化
讀者回函卡
野人

感謝您購買《巴逗腰（肚子餓了）》

姓　名 _____ □女 □男　年齡 _____

地　址 _____

_____

電　話 _____ 手機 _____

Email _____

學　歷 □國中(含以下) □高中職　□大專　　□研究所以上
職　業 □生產/製造　□金融/商業　□傳播/廣告　□軍警/公務員
　　　　□教育/文化　□旅遊/運輸　□醫療/保健　□仲介/服務
　　　　□學生　　　□自由/家管　□其他

◆你從何處知道此書？
　□書店　□書訊　□書評　□報紙　□廣播　□電視　□網路
　□廣告DM　□親友介紹　□其他

◆您在哪裡買到本書？
　□誠品書店　□誠品網路書店　□金石堂書店　□金石堂網路書店
　□博客來網路書店　□其他_____

◆你的閱讀習慣：
　□親子教養　□文學　□翻譯小說　□日文小說　□華文小說　□藝術設計
　□人文社科　□自然科學　□商業理財　□宗教哲學　□心理勵志
　□休閒生活（旅遊、瘦身、美容、園藝等）　□手工藝／DIY　□飲食／食譜
　□健康養生　□兩性　□圖文書／漫畫　□其他

◆你對本書的評價：（請填代號，1. 非常滿意　2. 滿意　3. 尚可　4. 待改進）
　書名_____封面設計_____版面編排_____印刷_____內容_____
　整體評價_____

◆希望我們為您增加什麼樣的內容：

_____

_____

◆你對本書的建議：

_____

_____

廣 告 回 函
板橋郵政管理局登記證
板 橋 廣 字 第 1 4 3 號

郵資已付　免貼郵票

23141
新北市新店區民權路108-2號9樓
野人文化股份有限公司 收

野人

請沿線撕下對折寄回

野人

書名：巴逗腰（肚子餓了）

書號：bon matin 151

料理/清潔/生活
一紙完勝

1清
2拭
3擦
4吸

專利立體壓紋技術
360度超導瞬吸網

厚棒廚房紙巾 美味超絕配

不同大小
使用更方便

大小張隨意量

厚
五月花
厚棒廚房紙巾

大小張隨你撕

超大尺寸

厚
五月花
厚棒廚房紙巾
一張抵四張

美規更大張
一張抵四張
UP

超大尺寸

五月花®

大頭兒